MOPS IST KULT

Christine Steimer & Annette Schmitt

Müller Rüschlikon

Einbandgestaltung: Kornelia Erlewein

Fotos: Christine Steimer, www. tierfotografie-steimer.de

ISBN 978-3-275-01860-4

Postfach 103743, 70032 Stuttgart
Ein Unternehmen der Paul Pietsch Verlage GmbH & Co. KG
Lizenznehmer der Bucheli Verlags AG, Baarerstr. 43, CH-6304 Zug

1. Auflage 2012

Sie finden uns im Internet unter www.mueller-rueschlikon-verlag.de

Lektorat: Claudia König
Innengestaltung: Kornelia Erlewein
Druck und Bindung: Stürtz GmbH, D-97080 Würzburg
Printed in Germany

Inhalt

1. Prolog 4

2. Einführung: Der Mops, mit dem wir leben ... 7

3. Ein bisschen Geschichte: Von gestern bis heute 14

4. Ein Hund mit Charakter: Typisches, Eigenschaften und Wesenszüge in Szene gesetzt 26

5. Adel verpflichtet ... 110

6. Zweifelhafter Ruhm ... 120

7. Was ihn so einzigartig macht ... 126

8. Lyrisches und Poetisches 144

9. Dank 158

10. Anhang 159

1. Prolog

»Mein Kaspar und viele seiner Rasse, die ich kennengelernt habe, zeigen Eigenschaften, die auch bei Menschen selten, aber zu wünschen sind: Mut ohne jede Aggression und Friedfertigkeit ohne jeden Anflug von Angst. Anders ausgedrückt: Möpse haben eine hoch entwickelte soziale Einbindung und sind so dem Urvater Wolf viel näher als manche Hunde, die ihm ähnlich sehen.«

Gert Haucke

Kaum eine andere Hunderasse zeigt solch eine vielschichtige Mimik, ist Clown und ernsthafter Philosoph zugleich.

2. Einführung: Der Mops, mit dem wir leben …

Der Mops, mit dem wir leben, ist ein Unikum. Dies spiegelt sich nicht nur in seinem einzigartigen Äußeren wider, sondern auch in seinem ganz eigenen Wesen. Kaum eine andere Hunderasse zeigt solch eine vielschichtige Mimik, ist Clown und ernsthafter Philosoph zugleich. Menschen, die mit Möpsen zusammenleben, müssen ähnliche Züge aufweisen, um ihre Hunde wirklich verstehen zu können. Zu allererst brauchen sie Humor, denn ein Augenzwinkern darf im Umgang mit einem Mops nie fehlen. Aber auch der Mops selbst scheint hin und wieder ein Auge im Zusammenleben mit seinen Menschen zuzudrücken, denn er steht über den Dingen. Der Mensch dagegen nicht immer.

Obwohl sich die Möglichkeiten seiner Fellfarben in Grenzen halten (der FCI-Standard schreibt Silber, Apricot, Rehfalbfarben oder Schwarz vor), gleicht kein Rassevertreter dem anderen. Allein die Gesichtsfalten machen jeden Hund einzigartig. Doch so drollig das Aussehen des Mopses dadurch wird, bedürfen sie auch einiger Pflege. Häufig sind die Falten so tief, dass sich ein feuchtes Milieu in ihnen bildet. Damit darin dann keine Entzündungen oder Ekzeme entstehen, ist es wichtig, die Gesichtsfalten stets sauber und trocken zu halten. Allgemeinen Krankheiten gegenüber gilt der Mops als sehr robust. Hin und wieder können an den leicht hervorstehenden Augen Entzündungen und Verletzungen vorkommen. Eine große gesundheitliche Schwachstelle gibt es allerdings und das ist der Atmungsapparat, der oftmals aufgrund einer zu kurz gezüchteten Nase stark beeinträchtigt sein kann. Häufig vertragen solche Hunde auch Narkosen schlecht. Zudem sind sie hitzeempfindlicher als andere Vierbeiner. Generell ist die Züchtung eines sehr kurzen Fanges stets eine Gratwanderung zwischen noch gesunden und schon gesundheitlich mehr oder weniger stark eingeschränkten Hunden. Das Wort »Qualzucht« taucht bei extrem gezüchteten Vierbeinern durchaus auf. Einerseits liegt es in den Händen verantwortungsvoller Züchter und Zuchtverbände, das über Jahrhunderte hinweg typische Erscheinungsbild des Mopses zu bewahren, andererseits aber auch einen tierschutzrelevanten Weg zu finden, dem liebenswerten Vierbeiner von Beginn an ein ganz normales, glückliches und lebenswertes Leben ohne gesundheitliche Einschränkungen zu ermöglichen. Rasseinteressenten sollten einen Mops daher nur bei einer seriösen Zuchtstätte erwerben und vorab mehrere Zwinger kritisch miteinander vergleichen. Zudem ist es wichtig, vor dem Kauf eines Mopses beide Elterntiere sehen zu können, denn beide sollten keine übertrieben ausgeprägten körperlichen Merkmale wie beispielsweise zu kurze Nasen, starkes Kindchenschema, Glubschaugen oder Röcheln zeigen.

Leider ist die Nachfrage nach der Rasse inzwischen so groß, dass Schwarzzuchten blühen und das Geschäft von Hundehändlern boomt. Von Mitleidskäufen sei daher dringend abgeraten, denn damit ist weder dem Hund, noch dem zukünftigen Halter geholfen, schließlich entpuppt sich der einst ach so süße Welpe später möglicherweise als echte Mogelpackung mit schweren gesundheitlichen Schäden, unter denen er (und sein Zweibeiner mit ihm) sein Leben lang leidet. Die Auswahl und die Anschaffung eines gesunden Mopses bedarf also eines sehr gründlichen Informierens und Vergleichens vorab.

Generell ist der Mops ein herzerfrischender Charakterhund, der gerne mit seinen Menschen durch Dick und Dünn geht. Stets zu Späßen aufgelegt, macht er sich die Welt, wie es ihm gefällt und das steckt an. Nicht umsonst gilt der Mops als echter Gute-Laune-Hund, der mit ungeheurem Charme, Raffinesse und Klugheit die Herzen aller im Sturm erobert und Lebensfreude pur verbreitet. Und wer kann schon seinem Blick widerstehen, diesen großen dunklen Augen, mit denen er seine Menschen fixiert, ja fast hypnotisiert. Er sitzt dann ganz still da und kann einen einfach nur anschauen. Herzerweichend, aber auch faszinierend. Was geht dann wohl in seinem kleinen Köpfchen vor? Brütet er gerade einen neuen Schabernack aus oder macht er sich ernsthaft Gedanken über die Spezies Mensch? Beides wäre möglich, denn er ist zu beidem fähig, kann blitzschnell umschalten zwischen Komik und Ernsthaftigkeit. Er hat ausgesprochen feine Antennen für die Stimmung seiner

Umgebung und reagiert entsprechend angemessen. Mit koboldgleichem komödiantischem Talent heitert er bei Enttäuschungen auf. Andererseits wird er still, zärtlich und anschmiegsam, wenn Trauer in der Luft liegt oder es ein anderer Anlass verlangt. Durch dieses starke Einfühlungsvermögen zeigt sich der Mops als äußerst anpassungsfähig. Meist gleicht er sich außerdem dem Temperament seines Halters an. Phlegmatischere Zeitgenossen werden eher einen ruhigeren Mops daheim haben, während Familien mit Kindern garantiert von einem sehr aufgeweckten Hund begleitet werden. Grundsätzlich ist der Mops ein aktiver Hund, der, unglaublich anhänglich, am liebsten immer und überall mit dabei ist.

Bei seiner Erziehung ist auf jeden Fall Konsequenz, häufig aber auch Überredungskunst gefragt, denn sieht er eine Handlung gerade nicht ein, macht er keinen Hehl daraus, schaltet auf stur und geht seine eigenen Wege. Er hat blitzschnell raus, mit welchen Mitteln er die Autorität seiner Menschen untergraben kann. Rasch greift er zu allerhand Clownereien, um bestimmte Kommandos nicht ausführen zu müssen. Lohnt sich ein Folgen hingegen in seinen Augen, könnten Herrchen oder Frauchen auch Glück haben. Er ist generell kein Hund, der Kadavergehorsam an den Tag legt, er denkt eben einfach selbst mit und durchschaut Inkonsequenz sofort, was von besonders hoher Intelligenz zeugt.

Fühlt er sich andererseits von seinen Leuten ernst genommen und als vollwertiger Partner respektiert, klappt es in der Regel mit dem Folgen recht gut.
Ein Mops lernt bereits viel durch Nachahmen und Beobachten. Und da er zudem immer für eine Überraschung gut und allem Neuen gegenüber aufgeschlossen ist, würde es nicht verwundern, wenn der ein oder andere Rassevertreter inzwischen heimlich zuhause Klavier übt, nur, weil er es eben mal bei Herrchen oder Frauchen gesehen und es ihn neugierig gemacht hat.

Von ganz außergewöhnlichem Charme sind Mopswelpen, obwohl sich hier auch die Geister scheiden. Ist ein kleines Möpschen nun besonders niedlich oder hat es eher etwas Außerirdisches an sich? Dies muss wohl jeder selbst für sich entscheiden. Der häufig leicht verschrobene Gesichtsausdruck eines Welpen ist jedenfalls etwas ganz Besonderes und bereitet schon von Anfang an auf die Besonderheit des Gesamtkunstwerkes »Mops« vor. Mopswelpen sind zudem ausgeprägte Individualisten, die viel Aufmerksamkeit und Zuwendung brauchen.

Eine starke Persönlichkeit wird der Rasse also schon in die Wiege gelegt. Typisch für die Welpen ist ein enormes Temperament. Sie können regelrecht aufdrehen bis zum Umfallen, kennen dann kein Maß und Ziel mehr, so dass ein Eingreifen von Seiten des Halters durchaus nötig sein kann, um die jungen Wilden vor Selbstüberschätzung zu bewahren. Meist ist auch von Anfang an eine stark ausgeprägte Verfressenheit vorhanden.

Hier heißt es dann standhaft bleiben und dem schmachtenden Bettelblick eines verkappten Faltenhundes zu widerstehen, denn die Rasse neigt zum Dickwerden. Eine sportliche Linie ist im Sinne der Gesundheit sehr wichtig. Apropos sportlich: Manche Möpse sind es mehr, andere eher weniger. Hundesport ist in Mopskreisen also Geschmacksache, aber durchaus nicht unüblich.

Auch mopsige Joggingbegleiter kommen vor. Für lange Spaziergänge ist die Rasse in jedem Fall zu begeistern. Träge Couch-Potatoes sind Möpse also nicht, obwohl sie zwischendurch gerne mal eine Kuschelrunde mit Herrchen oder Frauchen auf dem Sofa einlegen. Und selbst das warme Bett verschmähen die ringelschwänzigen Knautschgesichter nicht. Da dieses riesen Körbchen in Mopsaugen extra für den Vierbeiner angeschafft worden zu sein scheint, muss jeder Mops zumindest einmal in seinem Leben darin Probe liegen. Viele Rassevertreter finden dauerhaft Gefallen an solch einem edlen Matratzenlager, sehen ein eigenes Körbchen dann eher nur noch als Durchgangsstation im Tagesverlauf an. Und was sagen die Zweibeiner dazu? Ein echter Mopsfan trägt's mit Fassung und kann sich mopslose Nächte bald gar nicht mehr vorstellen ...

Möpse sind auch wachsam, obwohl Fremde dann meist doch wie Freunde begrüßt werden. Neurotische Kläffer sind sie nicht, denn sie bellen nicht ohne Grund. Andererseits kann der Grund schon mal nur ein eher harmloses Gewitter sein, das, ob der schnöden Ruhestörung, vehement verbellt werden muss. Vielleicht kann Mops den blitzenden und grollenden »Angreifer« auf diese Weise ja in die Flucht schlagen. Bei Silvesterknallen wird unter Umständen ähnlich vorgegangen. Es ist zumindest einen Versuch Wert, Krach mit Gegenkrach zu bekämpfen.

Ein Mops hat also sehr viele Facetten. Einige davon haben wir in diesem Buch in Wort und Bild festgehalten oder gar genauer beleuchtet. Lassen Sie sich verzaubern von diesem einzigartigen Lebewesen. Würde es den Mops nicht schon geben, müsste man ihn glatt erfinden, denn die äußerlich nicht gerade bunt aussehenden Hunde bringen durch ihre liebenswerte Art unendlich viel Farbe in das Leben ihrer Menschen.
Überzeugen Sie sich selbst beim Durchblättern dieses Buches und haben Sie viel Spaß beim Lesen, Anschauen, Schmunzeln und Träumen ...

3. Ein bisschen Geschichte: Von gestern bis heute

A star was born!

Die Ahnengalerie des Mopses scheint endlos lang zu sein, trotzdem wird über die genaue Herkunft der Rasse viel spekuliert. Letztendlich gilt China als seine Heimat. Schon aus der Zeit des Konfuzius (1700 v. Chr.) sind Berichte überliefert, die kleine Hunde mit auffallend kurzen, breiten und flachen Köpfen beschreiben. Als Urahn des Mopses wird jedoch erst der »Lo-chiang-sze« oder »Lo-sze« angesehen, ein kurzhaariger Vierbeiner mit stumpfer Schnauze, der im Jahre 990 n. Chr. bekannt wurde, als ihn Kaiser T'ai Tsung geschenkt bekam.

Es folgte ein fast kometenhafter Aufstieg der Hunde in die erste Reihe chinesischer Adelsfamilien. Somit war ein Star geboren! Bis ins 12. Jahrhundert galt der mopsähnliche Vierbeiner als sehr kostbar. In chinesischen Herrscherkreisen verschenkte man ihn gerne zu besonderen Anlässen. Die Zucht unterstand meist extra ausgebildeten Eunuchen, von denen jeder den besten und perfektesten »Lo-sze« züchten wollte.

So schnell dieser außergewöhnliche Stern am asiatischen Hundehimmel jedoch aufstieg, erlosch er auch wieder, denn bis ins frühe 16. Jahrhundert wird der »Lo-sze« kaum mehr erwähnt.

»Vor rund 3000 Jahren gelang es chinesischen Meisterhundezüchtern, einen kleinen ungemein friedfertigen Hund zu erzüchten, der sich durch ein entzückendes Kindergesicht auszeichnet, aus dem große Kulleraugen treuherzig herausschauen: Den viel gelästerten und viel verkannten Mops.«

Eberhard Trumler

Europa kommt auf den Mops

Erst als der Mops zu Zeiten der Ming-Dynastie (1368 bis 1644) durch Handelsbeziehungen nach Europa kam, rückte er wieder ins Rampenlicht. Einen besonders großen Einfluss auf die Verbreitung der Rasse in Europa hatte Holland. Vor allem das Haus Oranien ist dem Mops eng verbunden, schließlich rettete der Mops »Pompey« seinem Herrchen Wilhelm dem Schweiger während der Schlacht zu Hermigny das Leben, indem er seinen Herrn mit lautem Gebell vor einem Attentäter warnte. Wilhelm III., ein Urenkel von Wilhelm dem Schweiger, brachte 1689 etliche Möpse zu seiner Thronbesteigung mit nach England. Schnell fand der Mops auf der Insel eine große Fangemeinde, die auch dafür sorgte, dass die Rasse dort bereits seit dem 17. Jahrhundert reingezüchtet wird. Und als kurz darauf die Zeit der »Chinoiserie« begann, in der durch einen regen Handel alles Chinesische in Mode kam, stieg der doch recht exotisch anmutende Vierbeiner zum richtigen Importschlager auf.

Im 18. Jahrhundert wurde der Mops, dem man Treue, Zuverlässigkeit und Standhaftigkeit nachsagte, zum Symbol des »Mopsordens«, der sich aus einer Freimaurerloge um Clemens August von Bayern, Erzbischof von Köln, entwickelte, nachdem Papst Clemens XII. die Freimaurer 1738 exkommuniziert hatte. Viele Abbildungen und Figuren aus dieser Zeit zeigen den damaligen Mops mit kurz kupierten Ohren. König Edward VII. veranlasste 1880 schließlich ein Kupierverbot.

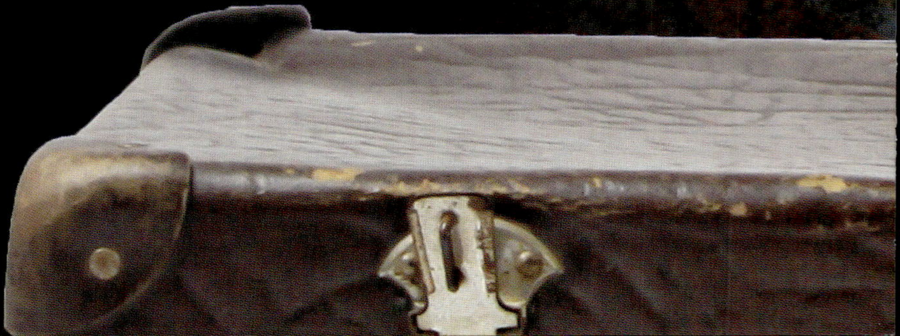

Vom hässlichen Entlein zum geliebten Schwan

Die wechselvolle Geschichte des Mopses begab sich im Laufe des 19. Jahrhunderts erneut auf Talfahrt. Da die Züchter einen regelrechten Ansturm auf ihre Welpen erlebten, dem sie kaum noch standhalten konnten, kreuzten sie bald andere Rassen mit ein, die jedoch das typische Erscheinungsbild der Hunde zunehmend veränderten. Etliche Möpse fanden sich außerdem als verhätschelte Schoßhunde und Kindersatz bei allein stehenden Damen wieder, die ihren, durch eine völlig falsche Haltung entstellten Vierbeinern, somit den Stempel »unansehnlich, dick und unattraktiv« aufdrückten. Wilhelm Busch setzte letztendlich dem Negativimage der Rasse mit seinen Bildergeschichten die Krone auf. Von allen Seiten hagelte es nun Spott und Hohn.

Zeitweise fristete der Mops ...

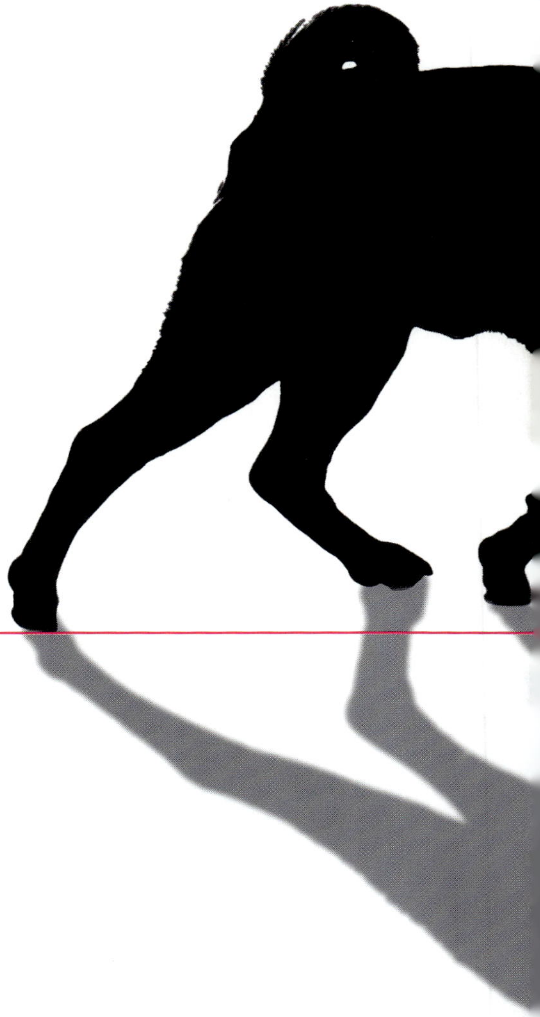

Der Mops galt als hässlich, dekadent, dumm, wertlos und unnütz. Doch plötzlich nahte Rettung: Englische Mopsliebhaber nahmen sich Mitte des 19. Jahrhunderts der Rasse an und verhalfen ihr zu neuem Ansehen. Zusätzlich zu den bis dato verbreiteten grau-gelblich gefärbten Möpsen mit dunkler Maske führte Lady Brassey 1878 rein schwarze Hunde aus China ein. Dieser Farbschlag, der zwar schon vorher hin und wieder vorkam, damals jedoch noch ziemlich verpönt war, entpuppte sich plötzlich als DER Renner. Schließlich bekamen schwarze Möpse ab dem Jahr 1890 bei Ausstellungen sogar eine eigene Klasse zugeteilt. Nachdem bald ein reger Austausch von Zuchttieren zwischen der britischen Insel und dem übrigen Kontinent stattfand, mopste es allmählich überall.

... auch ein Schattendasein ...

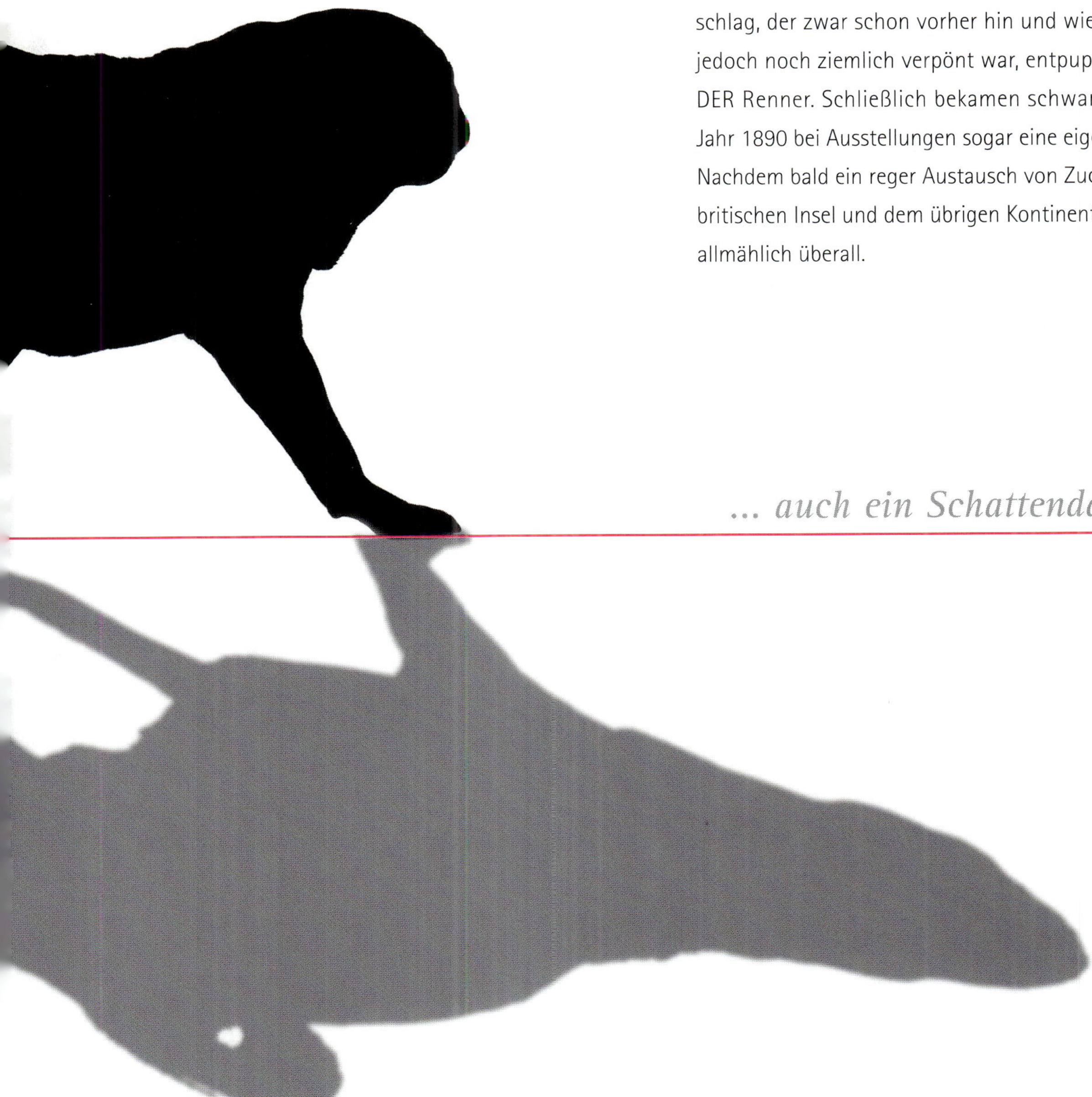

Der Mops in Deutschland

In Deutschland kreuzten die Züchter Kurzhaar-Pinscher zur Blutauffrischung ein, außerdem Bulldoggen, um einen kürzeren Fang und breiteren Kopf zu bekommen. Nach dem Zweiten Weltkrieg waren die hochbeinigen Mops-Pinscher-Kreuzungen innerhalb des stark reduzierten Mops-Bestands sehr weit verbreitet und unter dem Namen »Altdeutscher Mops« bekannt. Sie wurden in das Zuchtbuch der »echten« Möpse eingetragen, außerdem in derselben Kategorie ausgestellt und bewertet. Noch heute sind sie in diversen deutschen Blutlinien zu finden. Der Mops gilt, was Erbkrankheiten betrifft, als sehr gesund, eine Tatsache, die wohl in den vielen Einkreuzungen anderer Rassen begründet liegt. Aufgrund der sehr kurz gezüchteten Nase sind dagegen bis heute immer wieder auftretende Probleme im Bereich des Atmungsapparates gesundheitliche Schwachpunkte.

Die Kehrseite der Medaille ...

»Ich liebe meinen kleinen Retter »Rolex«. Er hat mich gelehrt, erwachsen zu werden. Er hat mich geheilt von Panikattacken – durch seine Gelassenheit in Allem. Er ist meine Sonne an hellen und dunklen Tagen. Es vergeht kein Tag, an dem ich nicht spüre, wie tief er sich in mein Herz vergraben hat. »Rolex« ist das Gold auf meiner Seele, egal wie lange er noch unter den Lebenden sein darf. Denn »Rolex« wäre bereits Mopsgeschichte, wenn nicht ein paar Chirurgen meinen qualgezüchteten Mops wieder lebensfähig operiert hätten.«

Lukas Hilbert

Die Mops-Zucht gerät immer wieder in die Schlagzeilen, denn eine mancherorts übertriebene Auslegung des Standards zieht häufig gesundheitliche Schwachstellen der Hunde nach sich. So kann eine zu kurz gezüchtete Nase zu schweren Atemproblemen und einer verminderten Vitalität der Vierbeiner führen. Auch das so drollig anmutende Schnarchen der Rasse ist eigentlich eine Fehlentwicklung, die durch verengte Luftwege, enge Nasenöffnungen und vergrößerte Gaumensegel zustande kommt. Verantwortungsvolle Züchter steuern hier durch eine gezielte Zuchtauswahl dagegen. Daher ist es auch enorm wichtig, einen Mops nur in einer seriösen Zuchtstätte zu erwerben. Es heißt also unbedingt: Augen auf beim Mops-Kauf!

4. Ein Hund mit Charakter: Typisches, Eigenschaften und Wesenszüge in Szene gesetzt

»Und sie hat ein zweites Mäppchen aus der Mappe gefingert und gesagt, es handelt sich wegen dem Standard, und wir haben alle drei gesagt: »Aha, und was ist das«, und sie hat's erklärt, und ich hab so halbwegs kapiert, dass es so eine Art Betriebsanweisung für Möpse ist oder vielmehr nee, sondern mehr Beschreibung, wie der Mops auszusehen hat und wie um Himmels Willen nicht, und diesmal hat sie's Papa gegeben, der war wieder zurück und hat angefangen, mit der Pfeife rumzumachen, da kann ihm nichts passieren, weil, auf dem Standartenpapier standen schon wieder so irre Sachen, ich hab mich hinter Papa gestellt und konnte alles lesen, nämlich, dass Mops »ein ausgesprochen eckiger und kolbenförmiger Hund« ist, was ja nun Schwachsinn total ist, weil entweder eckig oder kolbenförmig, das weiß doch jeder Säugling, dann stand unter Beine: »Sehr kräftig und unter dem Körper stehend«, und ich hab gedacht, wie das aussieht, wenn die Beine ganz woanders stehen.«

Gert Haucke

»Junge Hunde sind wie kleine Kinder. Sie fühlen sich allein, auch, wenn sie gar nicht alleine sind. Allerdings gibt es doch einen großen Unterschied. Kleine Kinder weinen, junge Hunde bellen. Ich muss Titus unbedingt das Weinen beibringen, damit das verdammte Gebelle aufhört. Aber lieber einen Mops, der bellt als gar keinen.«

Werner Zganiacz

Der Sprung ins Leben ...

»Ich sitze auf einer kleinen Lichtung, umstanden von Fichten und Birken; um mich herum toben etwa zwei Dutzend »mopsfidele Möpse« und entwickeln eine Lebhaftigkeit, dass ich dreißigmal vergeblich meine Kamera hinhalte, ehe mir eine Aufnahme möglich ist.«

Wer suchet, der findet...

»Das ist ein Tollen, Hüpfen, Springen und Rasen, man jagt sich und ist der Gejagte; da schleppt einer einen langen Ast durch die Gegend und verteidigt ihn gegen eine Schar anderer, dort wühlt einer mit Eifer eines Mauswurfs ein riesiges Loch in den weichen Torfboden, hier balgen sich zwei mit fröhlichem Gekläff – es ist wie zu Hause bei meinen wilden Hunden, den Schakalen, Dingos und all den Kreuzlingen.«

Eberhard Trumler

Über die Kunst des Erziehens

Die Erziehung eines Mopses ist ein Projekt mit oder ohne Folgen. Mitunter kommt hier auch der »Kunstverstand« der Rasse zum Tragen, allerdings in seiner ganz eigenen Weise, denn dieser ist eher bajuwarisch angehaucht, immerhin agiert ein Mops öfter mal nach dem bayerischen Motto »Du kunst mi a moi« (Hochdeutsch: Du kannst mich mal ...). Herrchen oder Frauchen müssen sich also erst einmal eine gute Zusammenarbeit mit ihrem Mops verdienen.

»Was selbst kritische Verhaltensforscher dem ewig hungrigen Mops nicht absprechen, ist sein Organisationstalent im Beschaffungswesen. Der Mops ist Gourmet, phantasievoll und kreativ im Aufspüren von Genussmitteln wie gekochter Gurgel, Schokoladenplätzchen oder unbewachtem Katzenfutter.«

Emanuel Eckardt

Er schreibt das Drehbuch gerne mal um ...

Ist ihm gerade nicht danach, nützen die besten Bestechungsversuche nichts, um ihn zur Ausführung eines Kommandos zu bewegen. Ein Folgen wie am Schnürchen ist also nicht wirklich sein Ding, denn ein Mops denkt stets selber mit. Er ist eben ein echter Individualist für Individualisten …

»Ein gut erzogener Hund wird nicht darauf bestehen, dass du die Mahlzeit mit ihm teilst; er sorgt lediglich dafür, dass dein Gewissen so schlecht ist, dass sie dir nicht mehr schmeckt.«

Helen Thomson

Mit seinen großen Kulleraugen und tiefen Sorgenfalten versteht es der Mops hervorragend, seine Leute um sein Pfötchen zu wickeln. Neben einer ausgefeilten Mimik kommen dabei zuweilen auch akustische Signale zum Zug, um die Dramaturgie der Szene noch besser hervorzuheben. Aus dieser Tatsache heraus kann dem Mops durchaus musikalisches Talent zugeschrieben werden, denn die Bandbreite der von ihm hervorgebrachten Töne ist groß. Sie reicht vom Piepsen, Fiepen, Murren, Glucksen, Gurren, Jolen und ähnlichem bis hin zu vielseitigen Schnarch- und Schnorchelvariationen jeglicher Couleur.

»Feinschmecker ...«

Der Mops beweist Geschmack: Er hat nicht nur Herrchen und Frauchen zum Fressen gern, sondern eigentlich alles, was nicht niet- und nagelfest ist …

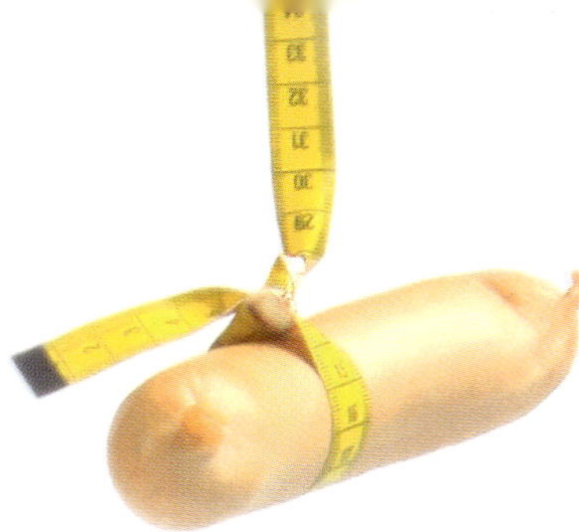

Wenn's um die Wurst geht, ...

... ist der Mops gleich dabei, allerdings in seinem eigenen Tempo. Bei den Haltungsnoten erreicht seine Freestyle-Choreographie jedoch volle Punktzahl.

Auch, wenn es der Mops selbst nicht wahrhaben will: Er neigt zum Dickwerden. Rationiertes Futter im Hinblick auf eine sportliche Linie ist daher wichtig.

Ansichtssache ...

»Man ist niemals zu schwer für seine Größe, aber man ist oft zu klein für sein Gewicht.«

Gert Fröbe

Geheimagierender Kobold ...

Der neugierige Mops schaut gerne anderen über die Schulter. Auch lässt er sich selbst über die Schulter schauen, allerdings nur, wenn er mit legalen Tätigkeiten beschäftigt ist. Zum Geheimniskrämer wird er dagegen, wenn's um's Stehlen, Buddeln oder anderen, unliebsamen Unfug geht. Er weiß also genau und lernt blitzschnell, was er darf und was eigentlich nicht.

»Der Mops ist ein hervorragender Hausgenosse. Kreuzfidel und doch urgemütlich, nicht ausufernd in seinen Ansprüchen, solange er dabei sein darf und Zuwendung bekommt. Zudem verfügt er über eine ganz menschliche Eigenschaft: Er schnarcht, weswegen sich auch leidenschaftliche Singles nächtens nicht ganz allein fühlen.«

Stefan Osterhaus

Er ist alles andere als ein Schaumschläger,

sondern hat die Lage stets fest im Griff.

»Baywatch à la Mops ...«

Kein unüberlegtes Handeln. Beobachten – Abwägen – wenn nötig: Springen.

Dann jedoch immer unter Einsatz seines Lebens.

»Probier's mal mit Gemütlichkeit ...«

Das vierbeinige Unikum scheint sein Leben lang im Urlaub zu sein, denn für ihn liegt in der Ruhe die Kraft.

Kneippen oder gar Schwimmen ist in Mopskreisen Geschmacksache.

»Sport ist Mord ...?«

Denkste! ER beweist das Gegenteil und er ist nicht der Einzige seiner Rasse ...

Möpse gelten wie Katzen als sehr selbständig, souverän und ruhig, andererseits sind sie aber auch enorm anhänglich und verschmust.

»Einer unserer Möpse, der schöne Bruno, pflegte eine homoerotische Beziehung zu unserem Siamkater, vielleicht, weil er ihn wegen der dunklen Maske für einen Siamköter hielt.« ❤

Emanuel Eckardt

Nichts auf die lange Bank schieben …

Ab und zu geht er gerne auch mal eigene Wege. Trotzdem verliert er seine Leute dabei nie aus den Augen ...

Auf Abwegen über Umwege zum Ziel ...

Der Mops ist ein Hund der Taten.
Spontaneität ist bei ihm Trumpf.
Daraus ergibt sich häufig eine
rassetypische Situationskomik.

Auch, wenn er ein kleiner Kobold ist und selbst erwachsen noch öfters seine verrückten fünf Minuten bekommt, fällt er nie aus dem Rahmen.

Glauben Sie's nicht?

Dann machen Sie sich selbst ein Bild ...

Ein Mops ist schlau, schaut erst genau und nutzt dann seinen Vorteil – wow!

»Mit dem Kopf durch die Wand wird nicht gehen. Da siegt zum Schluss immer die Wand.«

Angela Merkel

»Die Frohnatur, die er nun mal hat, geht nämlich so, dass er sich einfach nicht vorstellen kann, dass irgend jemand wütend wird auf ihn, weil, er hat's immer gut gemeint und versucht aus allem einen Spaß zu machen, und ich find's ja auch immer spaßig. Aber eben nicht alle Leute, und das kann und kann er nicht begreifen, und ich weiß auch warum, denn schlau genug ist er, daran liegt's nicht, ich glaub, der könnte auch rechnen lernen, wenn er wollte, aber da zeigt sich ja grade, wie schlau er ist, weil, was soll ein Mops mit dem großen Einmaleins oder so was, er kann ja sowieso später mal nicht Bankangestellter werden, sondern darf zeitlebens Mops bleiben.«

Gert Haucke

Seitenblicke ...

Der Mops ist ein ganz genauer Beobachter. Ihm entgeht nichts und niemand. Ab und zu drückt er aber auch mal ein Auge zu ...

Der Mops ist kein aggressiver Kläffer, aber er ist wachsam und sehr mutig. Wenn es sein muss, schlägt er instinktsicher an, nie jedoch ohne Grund (zumindest in seinen Augen).

»Anständige Hunde kläffen nicht. Anständige Hunde bellen, wenn sie etwas zu sagen haben.«

Werner Mitsch

Hund …

Der fröhliche Gute-Laune-Hund ist nichts für eingefahrene Langweiler und träge Schlaftabletten. Er möchte etwas erleben und liebt Abenteuer. Andererseits macht er auch keinen Hehl daraus, wenn ihm etwas nicht gefällt oder er gerade mal keine Lust auf diverse Beschäftigungsideen von Herrchen oder Frauchen hat.

… mit Persönlichkeit …

Selbst Fotomodell-Möpse zeigen deutlich, wann's reicht … Mit einem Mops an der Seite ist also durchaus auch spontane Flexibilität gefragt.

Humorlose Spaßbremsen findet er zum Gähnen.

»Die schwierigste Turnübung ist immer noch, sich selbst auf den Arm zu nehmen.«

Werner Finck

Hund mit Persönlichkeit ...

Möpse sind echte Charakterhunde, die gerne im Mittelpunkt stehen. Zur Not sorgen sie selbst für die nötige Aufmerksamkeit …

»Dabei sein ist alles ...«

Fast klettengleich ist der haarige Schelm am liebsten immer und überall mit dabei. Im Haus geht seine Anhänglichkeit sogar so weit, dass er Herrchen oder Frauchen gerne noch auf die Toilette begleiten würde. Bei der Wohnungswahl oder beim Hausbau sollten Mopshalter diese Tatsache gleich in einer entsprechend größeren Quadratmeterzahl des Raumes mit berücksichtigen. Allerdings lebt ein Mops auch nach dem Motto »Platz ist in der kleinsten Hütte«. Ob daher sein zerknautschtes Gesicht kommt ...?

»Im Gleichschritt, Marsch!«

Der Mops gibt einen guten Zweithund ab. Fremden größeren Vierbeinern gegenüber kann er trotzdem durchaus mal zum Größenwahn neigen. Schnell lässt er sich dann aber auch wieder zur Vernunft bringen.

»Hunde spiegeln meist die Gemütsverfassung ihrer Umgebung wider. Wenn ein Hund herumtollt und vergnügt ist, sind bei seinem Herrn meist die gleichen Anzeichen festzustellen.«

John Saunders

Das liebenswerte Knautschgesicht ist extrem einfühlsam und kann sich genau auf die Stimmungslage seiner Menschen einstellen.

»Möpse sind wie ihre Besitzer. Wenn Sie morgens bis in die Puppen schlafen, schläft auch der Mops bis in die Puppen. Wenn Sie um sechs Uhr joggen gehen, geht der Mops mit Ihnen joggen. Ist das nicht super? Die totale Anpassungsfähigkeit!«

Kim Fischer

Warmduscher?

F
E
H
L
A
N
Z
E
I
G
E
!

Trotzdem hassen viele Möpse Regen …

»Die Möpse sind ungemein lernfreudig, ob sie nun Welpen oder Greise sind; letztere stellen da einen sehr auffallenden Kontrast in sich selbst dar, denn es wirkt sehr ungewöhnlich, wenn ein Hund, dem man das hohe Alter schon genau ansieht, immer noch nicht nur ein kindliches Aussehen, sondern auch das vergnügt-jugendliche Wesen eines jungen Hundes hat.«

Eberhard Trumler

Den Schalk im Nacken …

Möpse sind bis ins hohe Alter unglaublich verspielt. Machen auch Sie Ihrem Mops die Freude und spielen Sie viel mit ihm, denn Spielen bringt nicht nur gute Laune, sondern hält außerdem fit und jung – Sie und Ihren Mops.

An heißen Sommertagen ist er für eine kleine Abkühlung dankbar. Aber auch sonst mag der Mops keine »heiße Luft«: Worten müssen Taten folgen, sprich beispielsweise einem Kommando zur Belohnung ein Leckerli. Leere Versprechungen durchschaut er sofort und quittiert sie schon mal mit dementsprechender Sturheit.

MOPS IST KULT
cata

Der Mops ist ein ganzer Kerl!

Er muss weder in Watte gepackt werden ...

... noch lässt er sich das Fell über die Ohren ziehen.

Sorgenfalten oder Denkerstirn? Beides ist beim Mops möglich ...

»Und keiner trug bei kürzeren Ohren ein philosophischer Gesicht.«

August Moritz v. Thümmel

Haarige Angelegenheit …

Mopshaare haben eine ganz besondere Beschaffenheit. Wie Nadeln bohren sie sich in jeden Teppich, jedes Polstermöbel oder jedes Kleidungsstück und lassen sich nur sehr schwer wieder entfernen. So kommt es, dass ein Mopshalter, der auch mal ohne seinen Hund unterwegs ist, ihn eigentlich trotzdem immer und überall mit dabei hat. Die große Anhänglichkeit der Rasse beginnt also schon beim Fell ...

»Ist hier etwa ein Schatz vergraben?«

»Nein, nicht vergraben, er ist doch deutlich zu sehen …
… hat helles Fell und dunkle Öhrchen.«

»Wer heute den Kopf in den Sand steckt, knirscht morgen mit den Zähnen.«

Graffito

5. Adel verpflichtet ...

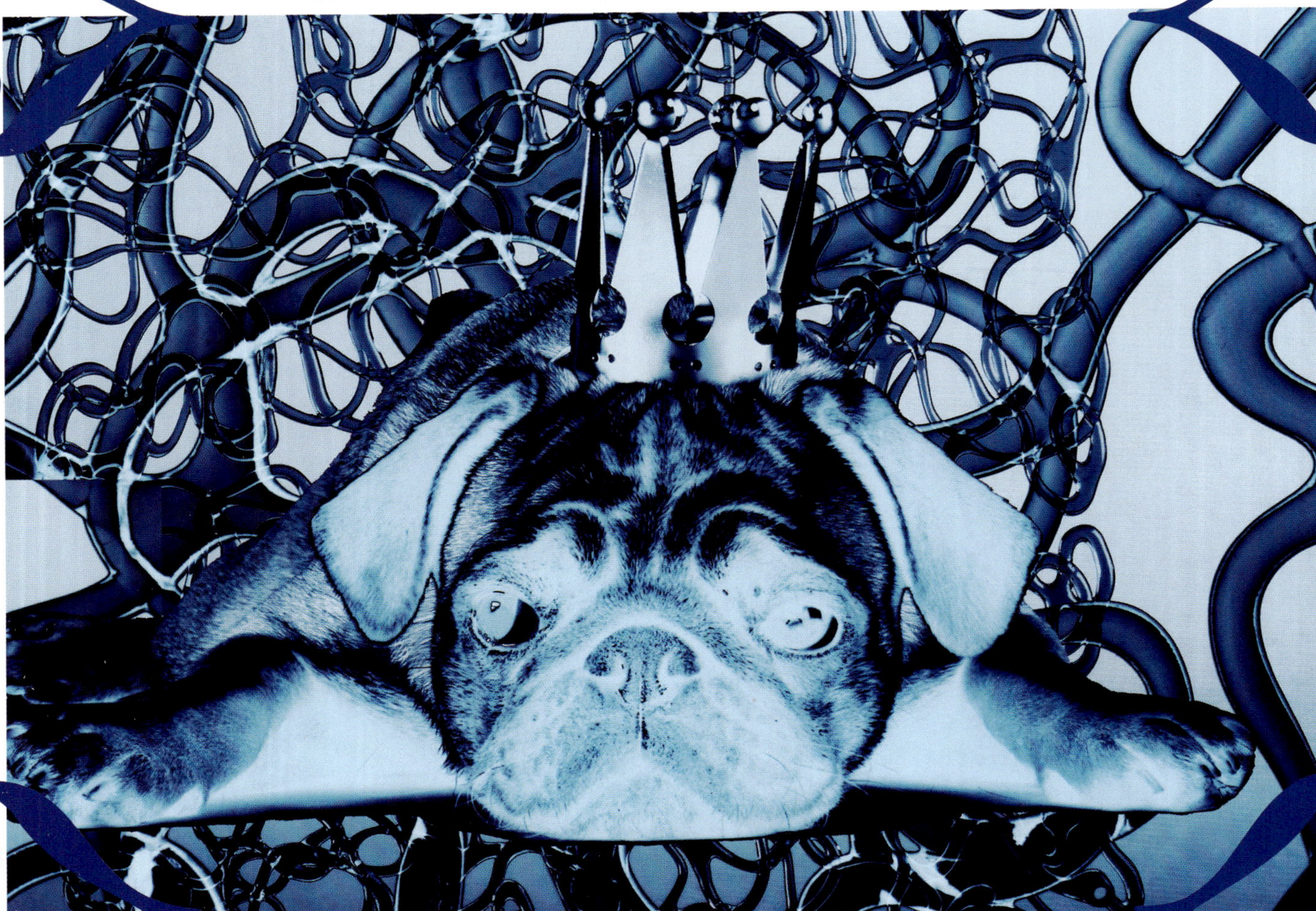

Blaublüter ...

In etlichen Mopslinien scheint blaues Blut zu fließen, zumindest den vielen, edlen Vor- und Zunamen inklusive »von und zu« nach zu urteilen …

»Auf Mopsens Ehrenurkunde standen seine Eltern drauf und seine Großeltern und die Eltern von denen wieder, und es werden immer mehr Verwandte, und alle heißen total irre und sind »von«. Und Mops heißt »Fingur von der Rosenhecke«, ich schwör's, und seine Mama, die dicke Apfelmade, heißt »Elfe von der Butterblume«, und ich hab mir vorgestellt, wie sie als Elfe von einer Butterblume zur nächsten donnert, und es hat nichts genützt, dass Papa gesagt hat: »Junge, nun komm mal wieder zu dir«, ich musste mich einfach vor Lachen auf die Wiese schmeißen, besonders weil Mops auf mir rumgehüpft ist, nämlich wenn einer lacht, findet er's auch mächtig lustig, ganz egal, warum.«

Gert Haucke

»Spieglein, Spieglein an der Wand ...

... wer schneidet die schönsten Grimassen im ganzen Land?«

Die Sache mit den Rassenamen ...

Wie es sich in höheren Kreisen gehört, mangelt es dem Mops standesgemäß nicht an Namen. Je nach Land und Sprache gibt es für ihn ganz unterschiedliche Bezeichnungen. So heißt der Vierbeiner im deutschsprachigen Raum, in Belgien und den Niederlanden seit jeher »Mops«. Ursprung ist möglicherweise das niederländische Wort »mopperen«, das soviel wie »brummen« oder »schnarchen« bedeutet. Auch das Althochdeutsche »mup« (= das Gesicht verziehen, Grimassen schneiden) könnte für den Rassenamen »Mops« verantwortlich sein.

In der englischen Sprache ist die Bezeichnung »Pug« gebräuchlich. Diese geht vermutlich auf das Lateinische »pugnus« für »Faust« zurück, das die Kopfform des Mopses beschreiben soll.

Der französische Name »Carlin« entstammt dem italienischen Volkstheater »Commedia dell' Arte«, in dem ein Harlekin namens »Carlin« mit schwarzer Gesichtsmaske mitspielte. In dem um 1550 entstandenen Theater traten häufig verkleidete Möpse anstelle von Affen auf und führten Kunststückchen vor.

»Sei kein Frosch, sondern ein König…«

In den Herzen seiner Fans ist der Mops mindestens Kaiser.

Wer einen Mops hält, braucht Humor, denn der drollige Vierbeiner ist ein echter Gute-Laune-Hund mit Spaßvogel-Qualitäten. Gekonnt setzt der zerknautschte Charmebolzen sein komödiantisches Talent ein und wickelt damit jeden Skeptiker um die Pfote. Mit seinem clownhaften Wesen ist er für jeden Spaß zu haben.

»Der Mops ist eine Erscheinung von komprimierter Majestät, maßlos, aber auch maßlos charmant. Selbstbewusst und souverän setzt er seine Interessen durch. Habitus und Körpersprache sind barock. Der Mops neigt zur Fülle, zum frivolen Maskenspiel, zum Ornament. Unverwechselbar die doppelt geringelte Posthornrute, die auf verblüffende Weise der Schnecke einer Stradivari ähnelt. Der hoch differenzierte und zugleich zierliche Akt des Schwanzwedelns wirkt wie eine Pirouette der Evolution, die Zuspitzung der Wolfsnatur ins Absurde.«

Emanuel Eckardt

6. Zweifelhafter Ruhm ...

Mops ist Kult

Der Mops war seit jeher etwas ganz Besonderes, galt entweder als besonders hässlich und somit abstoßend oder als besonders liebenswert und heiß begehrt. In jedem Fall fällt man mit Mops auf, und das macht ihn auch bei der Highsociety beliebt. Inzwischen ist der Mops Kult. Mit ihm und seinem ausgefallenen Äußeren wird ein besonderer, ja extravaganter Lebensstil in Verbindung gebracht. Insofern findet sich die Rasse heute auch bei vielen Möchtegerns wieder ...

Obwohl er sich nicht in eine Schublade stecken lässt,

gilt der Mops bei Vielen als chices Accessoire ...

Bodenständiger Typ

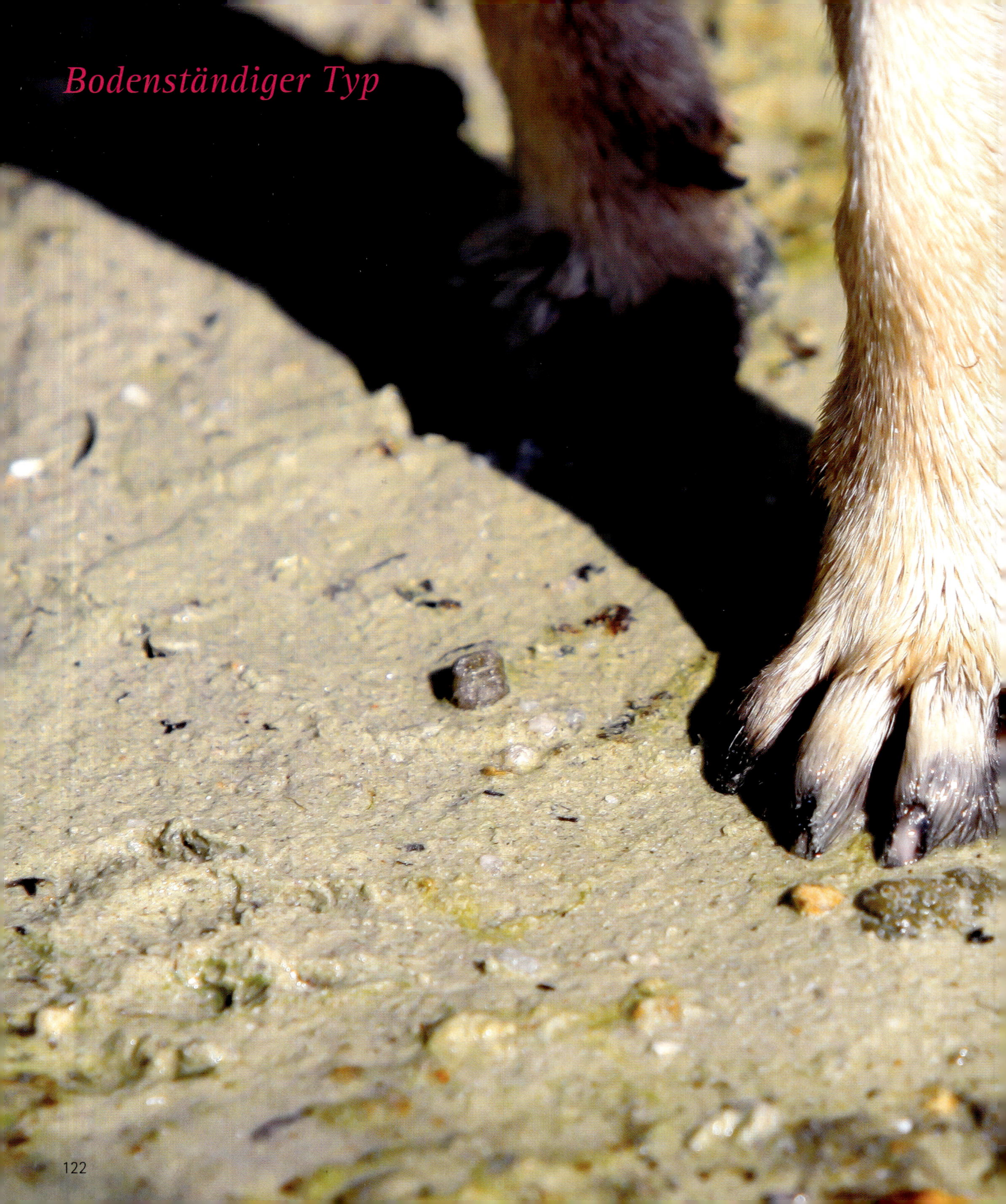

Er steht mit beiden Beinen fest auf der Erde. Das vermeintlich abgehobene »Schoßhündchen« wird nur aus ihm gemacht.

»Plüschsofa, künstliche Blumen, Spitzendeckchen, die gute alte Tante Amalia – das sind einige Assoziationen zu dem Begriff Mops; das, was hinter diesem Begriff steht, ist dick, dumm und hässlich. Aber das, was uns der kritische Humor eines Wilhelm Busch mit spitzer Feder überliefert hat, betrifft in Wahrheit nicht den Mops schlechthin, sondern jene Möpse, die in Verkennung ihres wahren Wesens Opfer einer egozentrischen, in ihren Auswirkungen brutalen »Tierliebe« geworden sind.«

Eberhard Trumler

7. Was ihn so einzigartig macht …

»Der beste Weg, die Zukunft vorauszusagen, ist, sie zu gestalten.«

Willy Brandt

Mit einem Mops an der Seite gestaltet sich die Zukunft als runde Sache kurzweilig, farbenfroh und heiter.

»Das mit dem Schnarchen hat Mopsi drauf wie ein Weltmeister und bringt damit beim Fernsehen alle zum Aufamseln, nur mich nicht, weil, ich bin ja noch ziemlich jung und hör alles prima und das Schnarchen auch. Ich find es jedenfalls erste Sahne, dass Papa uns einen Extra-Ferni spendiert hat. Jetzt können Mopsi und ich gucken, was wir wollen, aber wir mussten versprechen, um neun ist Schluss ein für allemal, und da halten wir uns dran, weil, das kann man sehn unter der Türritze, wenn der Ferni an ist, jedenfalls hat Mopsi das sauber hingekriegt, und womit? Nur mit dem großen Schnarch!«

Gert Haucke

»Fünfzehn Jahre hat einer von dieser heiteren Zunft mein Leben begleitet, und es war der freundlichste, intelligenteste und problemloseste aller meiner Hunde. ... Er, und mit ihm die meisten seiner Rasse, war ein Epikureer: Entschlossen, aus jeder Situation das Beste zu machen, jeden von seinem guten Willen zu überzeugen. Selbst eingefleischte Hundefeinde brachte er in kürzester Zeit soweit, breit grinsend, mit ihm auf dem Schoß, ihre gegenstandslos gewordene Aversion zu vergessen.«

Gert Haucke

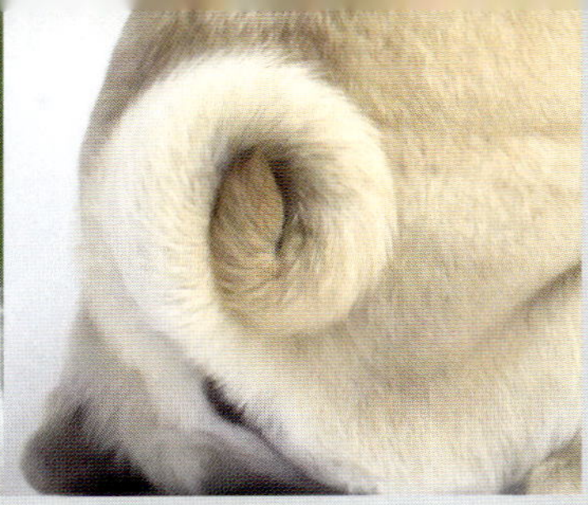

»Die tonnenförmige athletische Gestalt dieser Schrumpfdogge wird gekrönt von einem zweifach gedrehten Kompromiss aus behaarter Weißwurst und Schneckenhaus mit Schmachtlocke. Und dieses Wunderhorn kann wedeln!«

Emanuel Eckardt

»Schenken Sie sich einen Mops, wenn Sie einsam sind. Kontaktschwierigkeiten haben zu Mensch und Tier. Er führt Sie hinein ins volle Menschenleben, er ist eine nie versiegende Quelle der Heiterkeit!«

Gert Haucke

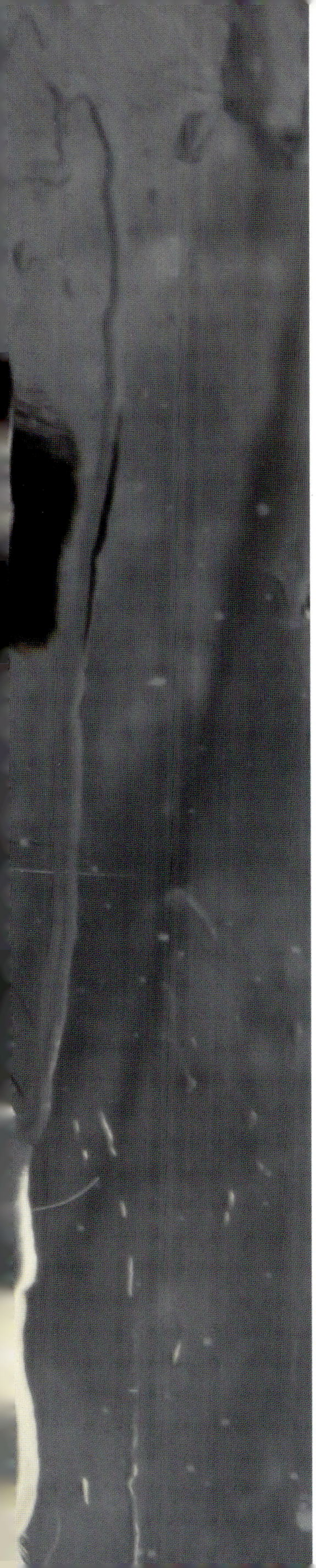

Lieben und geliebt werden ...

Er gilt als »Wärmflasche für die Seele« und »Antidepressivum auf vier Beinen«. Nie wird er seine Leute enttäuschen oder gar im Regen stehen lassen. Umgekehrt sollte selbstverständlich das Gleiche gelten ...

»Er freut sich immer, wenn wir Leute treffen, er hat alle Leute gern und alle Hunde und Kinder besonders, und ich glaube, er würde auch Meerschweinchen gern haben und Kanarienvögel, wenn er welche trifft.«

Gert Haucke

Möpse sind anderen Lebewesen gegenüber äußerst aufgeschlossen und kontaktfreudig. Selbst die Herzen von Hundeskeptikern erobern sie im Sturm.

Leidenschaftlicher Herzensbrecher ...

»Wie jede Blüte welkt und jede Jugend dem Alter weicht, blüht jede Lebensstufe, blüht jede Weisheit auch und jede Tugend zu ihrer Zeit und darf nicht ewig dauern …

… Und jedem Anfang wohnt ein Zauber inne, der uns beschützt und der uns hilft zu leben.«

Hermann Hesse

Ein Mops lebt im Hier und Jetzt. Er nimmt das Leben wie es kommt und ist dabei äußerst bescheiden. Jeder Tag ist für die chinesische Frohnatur ein Leben für sich, das es täglich aufs Neue lohnt, voller Freude anzupacken. Nachahmenswert ...

»Wovon träumt
der Astronaut auf der Erde?
Dass er wie Löwenzahnsamen fliegt
von Stern zu Stern,fremde Erze entdeckt
und nie gesehene Steine.
Wovon wird er als Mann im Mond einst träumen?
Dass er als Sternschnuppe heimfallen darf
und ein Gärtchen wiederfindet,
wo die Bienen die
Sonnenblumen erobern.«
Christine Busta

Auf dem Mond sind diese Drei trotz passendem Outfit zwar noch nicht gelandet, dafür aber längst in den Herzen ihrer Fans ...

8. Lyrisches und Poetisches

»Dass ich dich liebe, o Möpschen,
Das ist dir wohl bekannt.
Wenn ich mit Zucker dich füttre,
So leckst du mir die Hand.

Du willst auch nur ein Hund sein,
Und willst nicht scheinen mehr;
All meine übrigen Freunde
Verstellen sich zu sehr.«

Heinrich Heine

Mein Mops Quintus Antonius

Nicht schon wieder Obsttag

Mein Mops ist ein Hund der Künstler. Ich bin von ihm abhängig, denn er sitzt mir Modell. Bekommt er nicht das geforderte Fressen, wackelt er absichtlich. Quintus Antonius frisst alles, außer Hundekuchen, Hundeflocken, Schappi und Büchsenfleisch. Er liebt Koteletts und saftige Steaks. Ich auch. Aber Futterneid kennen wir nicht.

Selbst bei Geflügel haben wir einen Kompromiss gefunden. Mein Mops bekommt die Schenkel und die Brust. Ich begnüge mich mit dem Abschlecken der Knochen. Quintus Antonius neigt zur Korpulenz. Zu seinem Ärger verordne ich uns ab und zu einen Obsttag. Dann heult er immer sein Lieblingslied.

Sah ein Mops ein Würstchen liegen
Würstchen auf dem Teller
War so rund und tat sich biegen
Sah es kurz und lief dann schneller
Sah's und nahm es sich vom Teller
Möpslein, Möpslein, Möpslein schwarz
Möpslein aus dem Keller.

Mösplein bellte, ich fresse dich
Würstchen auf dem Teller
Würstchen sprach, ich zwacke dich
Im Magen, dass du denkst an mich
Und ich will's nicht schneller
Möpslein, Möpslein, Möpslein schwarz
Möpslein aus dem Keller.

Und das wilde Möpslein fraß
S'Würstchen schnell vom Teller
Würstchen wehrte sich und zwackt
Im Magen heftig, doch es sackt
In den Darm noch schneller
Möpslein, Möpslein, Möpslein schwarz
Möpslein aus dem Keller.

Ansonsten benimmt sich mein Mops wie ein Kapitalist. Er frisst gerne aus kostbaren Näpfen und bewacht meine Bilder, als gäbe es daneben nichts auf der Welt. Recht hat er. Er ist ein kluger Hund.

Werner Zganiacz

»Die kalte Schnauze eines Hundes ist erfreulich warm gegen die Kaltschnäuzigkeit mancher Mitmenschen«

Ernst R. Hauschka

»Der Mops ist ein Naturereignis von unvergleichlichem Reiz: Ein Gesicht wie eine Knautschzone nach schwerem Zusammenprall, mit groteskem Faltenwurf über der eingedrückten Nase, traurige, ewig hungrige Augen ... Aus dem aufgeklappten Querkopf hängt die Zunge, die ein verblendeter Poet einmal mit einem Rosenblatt verglich.«

Emanuel Eckardt

»Lebensfreude lässt sich am besten vom Hund lernen.«

Nina Sandmann

»Kaum eine Kreatur löst so widersprüchliche Reaktionen aus, kaum eine bietet so ein komisches Erscheinungsbild: Ein kleiner Hund in modischem Beige, silber, apricot, rehfarben oder schwarz mit breiter Brust und dem tänzelnden Gang eines Dressurpferdes der spanischen Hofreitschule. Seine heisere Stimme erinnert an das Hüsteln eines indisponierten Tenors, sein runder Charakterkopf mit der dunklen Maske und den tiefen Sorgenfalten und dem anrührend unschuldigen Blick eines Seehundbabys löst Streichelreflexe aus. Oder herzhaften Abscheu. Der Mops polarisiert.«

Emanuel Eckardt

Komische Vögel gibt es viele, aber keiner ist so ernsthaft komisch wie der Mops.

9. Dank

Wir danken herzlich allen zwei- und vierbeinigen Mitwirkenden für ihre Kooperationsbereitschaft und gute Zusammenarbeit im Zuge der Entstehung dieses Buches. Ohne euch wäre dieses herzerfrischende, aber auch herzerwärmende Projekt gar nicht zustande gekommen. Unser ganz besonderer Dank gilt allen Möpsen dieser Welt. Ihr tragt mit eurem einzigartigen Wesen auf jeden Fall zu einer globalen Klimaerwärmung bei, die garantiert nicht schädlich, sondern durchweg positiv und äußerst gesund ist. Solch einen Klimawandel braucht die Welt!

CHRISTINE STEIMER & ANNETTE SCHMITT

10. Anhang

Eberhard Trumler: Mit dem Hund auf du © 1971 Piper Verlag GmbH, München
(S. 17, 35, 97, 125)

Emanuel Eckardt: Mopsmania – Kulturgeschichte eines Beutegreifers
© www.magda.de/mopsmania
(S. 39, 67, 95, 119, 155)

Emanuel Eckardt: Der Mops – Das wundersame Wesen
© Stern Nr. 48 (1984)
(S. 132, 151)

Gert Haucke: Mops und Moritz. Rowohlt Taschenbuch Verlag, Reinbek bei Hamburg, 1995
(S. 27, 77, 113, 128, 138)
Gert Haucke: Die Sache mit dem Hund. Wilhelm Heyne Verlag München, 2. Auflage, 1993
(S. 4, 130, 135)

»Stufen«, aus: Hermann Hesse, Sämtliche Werke in 20 Bänden. Herausgegeben von Volker Michels. Band 10: Die Gedichte. © Suhrkamp Verlag Frankfurt am Main 2002. Alle Rechte bei und vorbehalten durch Suhrkamp Verlag Berlin.

Lukas Hilbert: © www.mprv.de/hauptmenue/promis/lukas-hilbert.html
(S. 24)

Werner Zganiacz: Titus, mein neuer Mops aus Geld, Golf und andere Lustbarkeiten, Hans Christians Verlag, Hamburg (S. 28, 146/147)

Der Verlag und die Autoren haben sich intensiv darum bemüht, alle Rechteinhaber an den in diesem Buch enthaltenen Zitate zu ermitteln. Leider ist uns dies nicht in allen Fällen gelungen. Rechteinhaber bitten wir daher, sich in berechtigten Fällen mit dem Verlag in Verbindung zu setzen.

Fin